Dooyum Patrick
Tersoo Eric Taave

Desvendando a química da natureza

Dooyum Patrick
Tersoo Eric Taave

Desvendando a química da natureza

Análise FTIR de extractos aquosos de folhas de Vernonia amygdalina

ScienciaScripts

Imprint

Cover image: www.ingimage.com

This book is a translation from the original published under ISBN 978-3-330-02256-0.

Publisher:
Sciencia Scripts
is a trademark of
Dodo Books Indian Ocean Ltd. and OmniScriptum S.R.L publishing group

120 High Road, East Finchley, London, N2 9ED, United Kingdom
Str. Armeneasca 28/1, office 1, Chisinau MD-2012, Republic of Moldova, Europe
Managing Directors: Ieva Konstantinova, Victoria Ursu
info@omniscriptum.com

Printed at: see last page
ISBN: 978-620-8-41046-9

Revelando a química da natureza: Análise FTIR de extractos aquosos de folhas de Vernonia amygdalina

Patrick Dooyum
Joseph Sarwuan Tarka University, Makurdi, Nigéria
florapatrick619@gmail.com
+234 814 921 7691

Tersoo Eric Taave
Joseph Sarwuan Tarka University, Makurdi, Nigéria
+234 902 415 5924

Visão geral

Este livro avalia a composição química do extrato aquoso de folhas de Vernonia amygdalina por FTIR e identifica vários grupos funcionais ligados às suas actividades biológicas. As folhas foram recolhidas na Universidade Joseph Sarwuan Tarka e na Universidade de Ibadan, na Nigéria; após autenticação, foram processadas para extração. Apresentou grupos funcionais importantes, tais como hidroxilo a 1021,29 cm^{-1}, amina a 1408,93 cm^{-1}, amida a 1558,02 cm^{-1}, alceno a 1636,80 cm ', alcino a 2117,12 cm^{-1} e álcool a 3287,51 cm^{-1}, através da análise FTIR. Confirma-se assim que o extrato contém vários compostos bioactivos e que as suas utilizações tradicionais podem ser recomendadas para outras aplicações farmacêuticas e agrícolas. O seu trabalho futuro diz respeito ao isolamento de compostos individuais e aos seus estudos adicionais de bioatividade.

Palavras-chave: Vernonia amygdalina, extrato aquoso de folhas, análise FTIR, grupos funcionais, compostos bioactivos, aplicações farmacêuticas

Índice

CAPÍTULO 1. INTRODUÇÃO ... 3

CAPÍTULO 2. REVISÃO DA LITERATURA ... 18

CAPÍTULO 3. MATERIAIS E MÉTODOS ... 36

CAPÍTULO 4. RESULTADOS ... 39

CAPÍTULO 5. DISCUSSÃO, CONCLUSÃO E RECOMENDAÇÃO ... 42

REFERÊNCIA ... 46

CAPÍTULO 1. INTRODUÇÃO

1.1 Antecedentes do estudo

As plantas são importantes na nossa existência quotidiana. Fornecem os nossos alimentos, produzem o oxigénio que respiramos e servem de matéria-prima para muitos produtos industriais, como roupas, calçado e muitos outros. As plantas também fornecem matérias-primas para as nossas construções e para o fabrico de biocombustíveis, corantes, perfumes, pesticidas, adsorventes e medicamentos. O reino vegetal provou ser o mais útil no tratamento de doenças e constitui uma fonte importante de todos os produtos farmacêuticos do mundo. Os mais importantes destes constituintes bioactivos das plantas são os esteróides, os terpenóides, os carotenóides, os flavonóides, os alcalóides, os taninos e os glicosídeos. Em todas as facetas da vida, as plantas têm servido como material de base valioso para o desenvolvimento de medicamentos (Ajibesin, 2011).

Verifica-se que os antibióticos ou substâncias antimicrobianas como saponinas, glicosídeos, flavonóides e alcalóides (Danladi *et al* 2018) estão distribuídos nas plantas, mas estes compostos não foram bem estabelecidos devido à falta de conhecimentos e técnicas. Os fitoconstituintes que são fenóis, antraquinonas, alcaloides, glicosídeos, flavonoides e saponinas são princípios antibióticos das plantas. As plantas ocupam atualmente uma posição importante na medicina alopática, na fitoterapia, na homeopatia e na aromaterapia. As plantas medicinais são as fontes de muitos medicamentos importantes do mundo moderno. Muitas destas plantas medicinais autóctones são utilizadas como especiarias e plantas alimentares (Olowoyeye *et al* 2018), sendo também por vezes adicionadas a alimentos destinados a mães grávidas para fins medicinais (Akinpela e Onakoya, 2016). Muitas plantas são mais baratas e mais acessíveis para a maioria das pessoas, especialmente nos países em desenvolvimento, do que a medicina ortodoxa, e há menor incidência de efeitos adversos após o uso. Estas razões podem explicar a sua atenção e utilização a nível mundial. As propriedades medicinais de algumas plantas foram documentadas por alguns investigadores (Akinpelu e Onukoya, 2016). As plantas medicinais são de grande importância para a saúde dos indivíduos e das comunidades. Foi o advento dos antibióticos na década de 1950 que levou ao declínio da utilização de derivados de plantas como antimicrobianos (Marjorie, 2019). As plantas medicinais contêm componentes fisiologicamente activos que, ao longo dos anos, têm sido explorados nas práticas médicas tradicionais para o tratamento de várias doenças (Ajibesin, 2011). Acredita-se que uma percentagem relativamente pequena, inferior a 10%, de todas as plantas existentes na Terra serve como fonte de medicamentos (Marjorie, 2019).

A Vernonia amygdalina, popularmente designada por folha amarga, é um arbusto perene originário da família Asteraceae. Contém vastas propriedades medicinais e valores nutricionais nas regiões tropicais de África. As folhas desta planta têm sido tradicionalmente utilizadas para fins terapêuticos, tais como distúrbios gastrointestinais, febre e infecções cutâneas. A rica composição fitoquímica da Vernonia amygdalina acrescenta imenso valor à sua eficácia medicinal e, por conseguinte, tem atraído a atenção tanto dos investigadores como dos profissionais de saúde (Nwafor et al., 2019).

A composição fitoquímica da Vernonia amygdalina inclui uma série de compostos bioactivos, que incluem flavonóides, saponinas, alcalóides, taninos e terpenóides. Estes fitoquímicos desempenham papéis vitais nas actividades antioxidantes e anti-inflamatórias da planta. Por exemplo, observou-se que os flavonóides possuem atividade de eliminação de radicais livres e proteção contra o stress oxidativo, que tem sido associado a várias doenças crónicas (Okwu & Nnamdi, 2018). Estes compostos não só enriquecem o valor terapêutico da planta, como também indicam a importância que lhe é atribuída na medicina tradicional.

O FTIR surgiu como uma ferramenta analítica forte na caraterização química de extractos de plantas. Isto será, portanto, útil na identificação de grupos funcionais dentro dos fitoquímicos presentes na Vernonia amygdalina. O

FTIR informa sobre a estrutura molecular e os aspectos funcionais de tais compostos e, por conseguinte, permite que as suas actividades biológicas sejam bem examinadas. De acordo com Santos et al. (2020), a espetroscopia FTIR é assim eficaz na caraterização dos diferentes fitoquímicos em vários solventes extractos da planta.

Estudos anteriores utilizaram a FTIR na identificação de vários grupos funcionais existentes em diferentes extractos de folhas de Vernonia amygdalina. Foram identificados picos caraterísticos de álcoois, compostos fenólicos e ácidos carboxílicos, entre outros (Ogunwande et al., 2017). A identificação destes grupos funcionais indica a complexidade da composição química desta planta e a forma como pode ser utilizada para compreender a base dos benefícios para a saúde. Estes grupos funcionais são importantes para detalhar os modos de ação através dos quais a Vernonia amygdalina atinge os seus efeitos medicinais.

Para além da riqueza fitoquímica, está provado que a Vernonia amygdalina apresenta um potencial antioxidante substancial. Em estudos, foi determinado que os extractos de plantas podem proteger contra danos oxidativos precipitados por diferentes factores de stress ambiental e toxinas. De acordo com Ibrahim et al. (2021), a capacidade antioxidante está altamente ligada ao seu teor de flavonóides, que demonstrou aumentar os mecanismos de proteção celular contra as doenças que emanam do stress oxidativo.

Alguns estudos também se debruçaram sobre as possíveis qualidades quimiopreventivas da Vernonia amygdalina. Os seus extractos foram estudados pela sua capacidade de inibir a proliferação de células cancerígenas e induzir a apoptose em vários modelos de cancro (Akinmoladun et al., 2019). O aspeto acima mencionado do seu perfil farmacológico faz da Vernonia amygdalina um candidato promissor a ser mais investigado nas estratégias de prevenção e tratamento do cancro.

O método de extração utilizado pode influenciar significativamente o rendimento e a composição dos fitoquímicos obtidos a partir de Vernonia amygdalina. Diferentes solventes podem extrair quantidades variáveis de compostos bioativos devido às suas polaridades distintas e propriedades de solubilidade (Okwu & Nnamdi, 2018). Esta variabilidade enfatiza a importância de selecionar técnicas de extração adequadas ao estudar as propriedades medicinais desta planta.

Mais especificamente, os resultados deste estudo ilustram que a Vernonia amygdalina é uma planta importante tanto na medicina tradicional como na farmacologia moderna. A sua composição fitoquímica rica e os benefícios para a saúde estabelecidos tornam-na um alvo fundamental de estudos contínuos. Este trabalho elucida uma base sólida para a análise da sua composição química através da espetroscopia FTIR.

Enquanto os estudos ainda estão a descobrir os vários benefícios atribuídos à Vernonia amygdalina, é absolutamente necessária mais investigação sobre a sua farmacologia através de métodos científicos. Isto não só validará os usos tradicionais, como também ajudará no desenvolvimento de novos agentes terapêuticos a partir desta planta maravilhosa.

1.2 Declaração do problema

Entre todos os benefícios bem conhecidos da *Vernonia amygdalina,* existe uma lacuna na análise exaustiva dos extractos aquosos das suas folhas, nomeadamente no que diz respeito à consistência e à concentração dos seus compostos químicos. Os métodos tradicionais de preparação resultam frequentemente em variações de potência, que podem afetar a eficácia dos tratamentos derivados da planta. Assim, há necessidade de métodos mais padronizados para avaliar estes extractos, garantindo que cumprem os padrões de quantidade, qualidade e segurança exigidos para uso terapêutico.

1.3 Finalidade e objectivos do estudo

O objetivo da presente investigação foi avaliar a composição química de uma *Vernonia amygdalina* utilizando o método de extração aquosa por análise de infravermelhos com transformada de Fourier (FTIR).

1.3.1 Objectivos do estudo

Os objectivos do estudo são avaliar a composição química do extrato aquoso das folhas de *Vernonia amygdalina.*

1.4 Justificação do estudo

Este estudo justifica-se pelo seu potencial para ter um impacto significativo em várias partes interessadas envolvidas na utilização medicinal da *Vernonia amygdalina.* Investigadores e cientistas beneficiarão da análise química pormenorizada proporcionada por este estudo, uma vez que permitirá uma compreensão mais profunda dos compostos bioactivos presentes na planta, particularmente através da utilização do Infravermelho com Transformada de Fourier (FTIR). Este conhecimento pode ser utilizado para normalizar os métodos de extração, assegurando que as propriedades terapêuticas da planta são maximizadas de forma consistente. Os praticantes de fitoterapia e os utilizadores de medicina tradicional também beneficiarão, uma vez que o estudo visa validar e otimizar os métodos de extração aquosa, tornando a preparação da *Vernonia amygdalina* mais fiável e eficaz no tratamento de doenças. As empresas farmacêuticas e os prestadores de cuidados de saúde têm a ganhar com o desenvolvimento de formulações mais consistentes e potentes de extractos *de Vernonia amygdalina*, potencialmente conduzindo a novos produtos à base de plantas normalizados que podem ser integrados em tratamentos médicos convencionais. Por último, os doentes, especialmente os que vivem em regiões onde a malária é endémica, beneficiarão da maior eficácia e segurança dos tratamentos derivados da *Vernonia amygdalina*, uma vez que as conclusões do estudo poderão conduzir a opções terapêuticas mais fiáveis e eficazes.

O estudo da Vernonia amygdalina, coloquialmente designada por folha amarga, tem implicações teóricas importantes do ponto de vista da fitoquímica e da etnomedicina . O rico perfil fitoquímico desta planta serve de modelo para determinar a interação de uma variedade de compostos bioactivos para os seus prováveis benefícios para a saúde. Os quadros teóricos em farmacognosia podem ser mais desenvolvidos incorporando os resultados de estudos de investigação sobre Vernonia amygdalina, especialmente os que se referem às suas actividades antioxidantes e anti-inflamatórias. Esta planta representa um caso em que o conhecimento tradicional fornece à ciência informações que ajudariam a colmatar o fosso entre as práticas tradicionais e a farmacologia moderna. Farombi, 2003.

Do ponto de vista médico, as descobertas que têm sido associadas à Vernonia amygdalina são vitais na procura de novos agentes terapêuticos. Os efeitos demonstrados pela planta em doenças como a diabetes, a hipertensão e até o cancro insinuam que os seus extractos podem oferecer uma terapia diferente ou complementar contra estas doenças. Por exemplo, foi ilustrado que Vernonia amygdalina tem efeitos hipoglicémicos e, portanto, pode ser utilizada na gestão da diabetes (Ojimelukwe & Amaechi, 2019). Além disso, o seu potencial para inibir o crescimento de células cancerígenas posiciona-a como candidata a mais investigação em oncologia, especialmente na elaboração de terapias anticancerígenas naturais. (Izevbigie et al., 2014)

A nível académico, a investigação sobre a Vernonia amygdalina contribui para uma maior compreensão das plantas medicinais e da sua utilização nos cuidados de saúde. A colaboração interdisciplinar é fomentada com este tipo de estudo de plantas entre domínios como a botânica, a farmacologia e a nutrição. Isto permite ao investigador formular novas hipóteses sobre o papel dos fitoquímicos na prevenção e tratamento de doenças, investigando os mecanismos bioquímicos envolvidos. Assim, melhora a literatura científica e incentiva mais estudos necessários para o isolamento de compostos específicos responsáveis pelos benefícios para a saúde observados exibidos na planta (Yedjou et al., 2018).

A relevância política do estudo da Vernonia amygdalina não deve ser subestimada. Com o aumento da popularidade da medicina à base de plantas em todo o mundo, há uma procura crescente de mecanismos reguladores que garantam a segurança e a eficácia dos produtos à base de plantas. Os decisores políticos podem tirar partido dos resultados da investigação sobre a Vernonia amygdalina para elaborar orientações que garantam a utilização desta erva num contexto clínico e para incentivar a sua integração nas estratégias de saúde pública. Isto é particularmente relevante em regiões onde a medicina tradicional desempenha um papel importante na prestação de cuidados de saúde Suffness & Douros, 1982.

Além disso, a incorporação da Vernonia amygdalina nas recomendações dietéticas poderia ter implicações significativas para a saúde pública. Dado o seu valor nutricional e propriedades medicinais, a promoção da sua utilização como alimento funcional poderia melhorar os resultados de saúde da comunidade. Iniciativas educacionais que informam as populações sobre os benefícios de incorporar essas plantas em suas dietas podem levar a melhores métricas de saúde e reduzir a dependência de medicamentos sintéticos (Okwu & Nnamdi, 2018).

Isto diz respeito à política ambiental, onde os esforços para estimular práticas de colheita sustentáveis de Vernonia amygdalina serão necessários para

Seguem-se definições operacionais para termos-chave relevantes para o estudo da Vernonia amygdalina e para a análise da sua composição química utilizando a espetroscopia de infravermelhos com transformada de Fourier (FTIR).

1. **Vernonia amygdalina:** Para este estudo, Vernonia amygdalina refere-se especificamente às folhas da planta colhidas de uma fonte verificada em [local], transformadas num extrato aquoso utilizando métodos normalizados. As folhas devem ser identificadas por um botânico qualificado e autenticadas através de caraterísticas morfológicas.

2. **Extrato aquoso de folhas:** Um extrato aquoso de folhas é definido como a solução obtida por imersão de folhas secas e moídas de Vernonia amygdalina em água destilada à temperatura ambiente durante um período de 24 horas, seguido de filtração para remover partículas sólidas. O líquido resultante será utilizado para a análise FTIR.

3. **Espectroscopia de infravermelhos com transformada de Fourier (FTIR):** A espetroscopia FTIR é definida como uma técnica que mede a absorvência da luz infravermelha pelo extrato aquoso da folha de Vernonia amygdalina numa gama de comprimentos de onda (4000- 400 cm^-1). A análise será realizada utilizando um espetrómetro FTIR calibrado, com parâmetros específicos definidos para a resolução espetral e a velocidade de varrimento.

4. Composição fitoquímica: A composição fitoquímica refere-se aos tipos e quantidades específicos de compostos bioactivos presentes no extrato aquoso de folhas, identificados através de espetroscopia FTIR. Isto inclui compostos como flavonóides, saponinas e terpenóides, que serão quantificados com base nos seus picos de absorção caraterísticos no espetro de FTIR.

5. Atividade Antioxidante: A atividade antioxidante é definida operacionalmente como a capacidade do extrato aquoso de folhas de Vernonia amygdalina para eliminar radicais livres, medida através do ensaio DPPH (2,2-difenil-1-picrilhidrazil). A percentagem de inibição do radical DPPH será calculada com base nas leituras de absorvância antes e depois da adição do extrato.

6. Análise da composição química: A análise da composição química refere-se ao exame sistemático dos espectros FTIR obtidos a partir do extrato aquoso de folhas para identificar grupos funcionais correspondentes a vários fitoquímicos. Esta análise implica a comparação dos picos observados com espectros de referência padrão para determinar a presença de compostos.

7. Replicabilidade: Neste estudo, a replicabilidade refere-se à capacidade de reproduzir resultados em condições idênticas, utilizando os mesmos métodos de extração de Vernonia amygdalina e de análise FTIR. Isto inclui a manutenção de condições ambientais consistentes e a calibração do equipamento ao longo de todas as experiências.

8. Consistência da medição: A consistência da medição é definida como a obtenção de resultados semelhantes em vários ensaios ao avaliar a mesma amostra utilizando a espetroscopia FTIR. Esta consistência será avaliada através da realização de três análises independentes de cada extrato e do cálculo dos desvios-padrão dos valores médios obtidos.

9. Compostos bioactivos: Os compostos bioactivos são definidos como substâncias químicas de ocorrência natural na Vernonia amygdalina que exibem atividade biológica, incluindo, mas não se limitando a, flavonóides, alcalóides e ácidos fenólicos. A sua presença será confirmada através de bandas de absorção específicas identificadas nos espectros FTIR.

10. Análise estatística: A análise estatística refere-se à aplicação de estatísticas descritivas e inferenciais para interpretar os dados recolhidos a partir de medições FTIR e ensaios antioxidantes. Isto inclui a utilização de software como o SPSS ou o R para o processamento de dados, com níveis de significância fixados em $p < 0,05$ para o teste de hipóteses.

CAPÍTULO 2. REVISÃO DA LITERATURA

2.1 *Vernonia Amygdalina*

A Vernonia amygdalina, vulgarmente designada por "Folha Amarga", é um arbusto perene ou uma pequena árvore do género *Vernonia* da família *Asteraceae* (Ijeh e Ejike, 2011). Quando completamente crescida, pode atingir uma altura de cerca de 23 pés. Tem uma casca escamosa e rugosa de cor cinzenta ou castanha (Echem e Kabari, 2013). As folhas são de cor verde médio a escuro, oblongo-lanceoladas, medindo geralmente 1015 cm de comprimento e 45 cm de largura.

A erva é uma planta indígena africana que prospera na maior parte da África subsariana e está amplamente difundida na Ásia (Echem e Kabari, 2013). É amplamente cultivada no Iémen, Brasil, Sul do Uganda, Etiópia, Quénia e Tanzânia (Bhattacharjee *et al.,* 2013), embora seja nativa da África tropical (Ijeh e Ejike, 2011; Nursuhaili *et al.,* 2019). Naturalmente, a planta pode ser encontrada em regiões com 7502000 mm de precipitação anual, como as bordas das florestas, as áreas ao redor de rios e lagos, bosques e pastagens. Necessita de luz solar direta e prefere um ambiente húmido. Embora possa crescer em qualquer tipo de solo, favorece os solos ricos em húmus (Ofori *et al.,* 2013).

É provavelmente a erva medicinal mais utilizada do género *Vernonia* (Ijeh e

Ejike, 2011). Devido ao seu sabor amargo, é comummente referida como folha amarga e é utilizada tanto medicinalmente como como vegetal. Os metabolitos secundários da espécie, que incluem saponinas, taninos, alcalóides e glicosídeos, são componentes antidietéticos. Estes constituintes são a fonte do sabor amargo desta planta medicinal (Yeap *et al.,* 2020; Danladi *et al.,* 2018).

Devido ao sabor amargo da Vernonia amygdalina, tem inúmeros benefícios terapêuticos, tais como; antibacteriano (Degu *et al.,* 2021a; Gonfa *et al.,* 2022; Legesse *et al.,* 2022; Asfaw *et al.,* 2023b; Dagne *et al.,* 2023), antifúngico (Degu *et al,* 2020b), antiviral (Meresa *et al.,* 2017; Tesera *et al.,* 2022), antiparasitário (Basha *et al.,* 2018; Muluye *et al.,* 2021), anti-hipertensivo (Fekadu *et al.,* 2017), anti-asmático (Sisay *et al.,* 2020) e assim por diante. Para além das suas propriedades medicinais, são utilizadas como fonte de alimento (Olowoyeye *et al.,* 2022). Na história, a folha amarga tem sido utilizada há gerações em África, tanto para fins alimentares como medicinais. A planta tem um vasto espetro de utilizações na medicina tradicional africana e tem sido utilizada na gestão e tratamento de uma série de problemas de saúde (Ijeh e Ejike, 2011). Foram realizados vários estudos anteriores sobre o valor medicinal tradicional (Asfaw *et al.,* 2023a), o conteúdo nutricional (Okolie *et al.*, 2021), o isolamento de diferentes classes de fitoquímicos e compostos e a avaliação das suas actividades farmacológicas (Habtamu e Melaku, 2018) da *Vernonia amygdalina*

Placa 1: *Vernonia amygdalina* (folha amarga) (Ojeaga, 2020)

2.2 Fotoquímica de *Vernonia amygdalina*

A fotoquímica da *Vernonia amygdalina* é o processo de isolamento e caraterização de alguns compostos bioactivos presentes na *Vernonia amygdalina*. Os fitoquímicos da *Vernonia amygdalina* são os metabolitos secundários presentes na *Vernonia amygdalina*, tais como: flavonóides, saponinas, alcalóides, taninos, fenólicos, terpenos, glicosídeos esteroidais, triterpenóides e vários tipos de lactonas sesquiterpénicas (Quasie *et al.*, 2016; Luo *et al.*, 2017). Foi relatado que as lactonas sesquiterpénicas (vernodalinol, vernolepin, vernomygdin, hidroxi-vernolide, vernolide e vernodalol) presentes na *Vernonia amygdalina* inibem o crescimento das células do cancro da mama, possuem propriedades antitumorais e antimicrobianas e exibem uma atividade bactericida significativa contra bactérias gram (Amodu *et al.*, 2013; Luo *et al.*, 2017).

Os vernoniosídeos presentes nas folhas de *Vernonia amygdalina* apresentam propriedades anti-inflamatórias e são utilizados no tratamento de distúrbios gastrointestinais (Quasie *et al.*, 2016). Os constituintes *da Vernonia amygdalina* Flavonóides, taninos, saponinas e triterpenóides foram estudados para possuir efeitos antioxidantes e hipolipidémicos (Atangwho *et al.*, 2013; Alara *et al.*, 2017b).

2.3 Infravermelhos com transformada de Fourier (FTIR)

O infravermelho com transformada de Fourier (FTIR) é uma técnica analítica físico-química utilizada para identificar os grupos funcionais dos componentes bioactivos numa planta ou noutros materiais relacionados com base no valor do pico na região da radiação infravermelha e, como tal, pode ser utilizado como uma ferramenta para a normalização de extractos de plantas (Johnson *et al.*, 2012). Numerosos compostos bioactivos derivados de plantas, denominados fitoquímicos, foram avaliados e são comparativamente mais seguros do que as alternativas sintéticas, exercendo múltiplos benefícios terapêuticos associados à sua elevada eficácia (Shin *et al.*, 2018).

O Infravermelho com Transformada de Fourier (FTIR) é a ferramenta mais poderosa para identificar os tipos de ligações químicas e grupos funcionais presentes nos compostos. O comprimento de onda da luz absorvida é caraterístico da ligação química. Ao interpretar o espetro de absorção de infravermelhos, as ligações químicas numa molécula podem ser determinadas.

2.4. Estudos de caso e análise comparativa dos extractos *de Vernonia amygdalina*

A aplicação da análise FTIR dos extractos *de Vernonia amygdalina* tem sido amplamente estudada, com alguns estudos de caso que destacam as variações do conteúdo fitoquímico em diferentes regiões geográficas (Olennikov *et al.*,

2018). Esses estudos mostraram que a concentração de compostos bioativos presentes na *Vernonia amygdalina* varia significativamente dependendo da região de cultivo, do momento da colheita e das condições ambientais específicas em que a planta é cultivada.

A análise comparativa de diferentes métodos de extração também tem sido um dos principais focos de investigação, com estudos que comparam a eficiência da extração aquosa com a extração com solventes orgânicos (Bansal, & Dhiman, 2020). A extração aquosa, que é habitualmente utilizada na medicina tradicional, é conhecida pela sua simplicidade e segurança. No entanto, pode produzir concentrações mais baixas de certos compostos não polares em comparação com a extração com solventes orgânicos. No entanto, a análise FTIR demonstrou que os extractos aquosos de *Vernonia amygdalina* podem ainda conter quantidades significativas de compostos bioactivos, o que os torna uma opção viável para formulações à base de plantas. Isso tem implicações importantes para o desenvolvimento de medicamentos fitoterápicos padronizados, particularmente em regiões onde os solventes orgânicos podem não estar prontamente disponíveis (Bansal, & Dhiman, 2020).

Os principais conhecimentos obtidos com estes estudos de caso e análises comparativas têm implicações importantes para a normalização dos *extractos de Vernonia amygdalina* e para o desenvolvimento de novas aplicações terapêuticas para esta planta medicinal. O FTIR desempenhou um papel vital no avanço da compreensão da fitoquímica *da Vernonia amygdalina* e na garantia da qualidade, segurança e eficácia dos seus produtos (Bansal e Dhiman, 2020).

2.5 Estudos empíricos

Alguns estudos empíricos relacionados com a análise FTIR de extractos aquosos de folhas de Vernonia amygdalina foram revistos abaixo.

Bashir *et al.* (2020) realizaram um rastreio fitoquímico e uma análise de espetroscopia de infravermelhos com transformada de Fourier (FT-IR) de Vernonia amygdalina Del. O seu objetivo era analisar os constituintes fitoquímicos e realizar a análise FT-IR. Utilizaram a análise fitoquímica qualitativa e a espetroscopia FT-IR, identificando saponinas, alcalóides e flavonóides e confirmando grupos funcionais como os álcoois. Recomendaram um estudo mais aprofundado das propriedades medicinais da V. amygdalina, o que apoia diretamente a investigação atual sobre o perfil químico.

Ityo et al. (2023) investigaram a análise sensorial, GC-MS e FTIR do extrato aquoso de chá de ervas de Hibiscus Sabdariffa e Vernonia Amygdalina com misturas de gengibre e raspa de limão. O seu objetivo era analisar os chás de ervas quanto aos atributos sensoriais e fitoquímicos utilizando a análise GC-MS e FTIR. Encontraram alcanos, alcenos e fenóis e confirmaram a presença de compostos bioactivos. Recomendaram a exploração dos benefícios para a saúde das misturas de ervas, destacando a importância da V. amygdalina nas formulações de ervas.

Tella & Oseni (2019) realizaram um estudo comparativo intitulado Comparative Profiling of Solvent-mediated Phytochemical Expressions in Ocimum gratissimum and Vernonia amygdalina Leaf Tissues via FTIR. O seu objetivo era comparar perfis fitoquímicos em diferentes solventes utilizando espetroscopia FTIR e ensaios colorimétricos. Verificaram que a extração com metanol produziu a maior diversidade fitoquímica e recomendaram a otimização dos métodos de extração para aumentar a biodisponibilidade, salientando os efeitos do solvente relevantes para o presente estudo.

Ogunleye et al. (2022) efectuaram uma análise FTIR de fitoquímicos em extractos de folhas de Vernonia amygdalina. O seu objetivo era identificar grupos funcionais em extractos de folhas utilizando FTIR. O método envolveu espetroscopia FTIR em extractos aquosos, detectando grupos funcionais indicativos de vários metabolitos. Recomendaram mais estudos farmacológicos sobre os compostos identificados, fornecendo dados fundamentais para a compreensão da química da V. amygdalina.

Ogbole et al. (2021) exploraram a análise fitoquímica e FTIR de extractos de folhas de Vernonia amygdalina. Seu objetivo era investigar fitoquímicos usando espetroscopia FTIR por meio de análise qualitativa seguida de caraterização FTIR. Eles confirmaram a presença de taninos, flavonóides e compostos fenólicos e recomendaram a exploração de aplicações terapêuticas com base em suas descobertas, apoiando o foco do presente estudo em propriedades medicinais.

Adebayo et al. (2020) realizaram uma análise espectroscópica FTIR de extractos de Vernonia amygdalina para avaliação nutricional. O seu objetivo era avaliar os componentes nutricionais através da análise FTIR em várias concentrações de extrato. Identificaram os principais nutrientes benéficos para a saúde e recomendaram a promoção da utilização em suplementos alimentares com base nos resultados, reforçando os aspectos nutricionais relevantes para a investigação atual.

Adesola et al. (2021) efectuaram a caraterização química de Vernonia amygdalina utilizando espetroscopia FTIR. O seu objetivo era traçar o perfil dos constituintes químicos através da análise FTIR utilizando técnicas espectroscópicas aplicadas a extractos de folhas. Detectaram vários grupos funcionais associados a benefícios para a saúde e recomendaram a investigação de alegações de saúde específicas relacionadas com os compostos identificados, fornecendo informações sobre a composição química relevante para utilizações medicinais.

Oluokun et al. (2019) analisaram compostos bioativos em Vernonia amygdalina usando espetroscopia de infravermelho por transformada de Fourier. Seu objetivo era identificar compostos bioativos através da análise FTIR em extratos aquosos de folhas. Eles confirmaram a presença de compostos bioativos essenciais como flavonóides e taninos e recomendaram a exploração de potenciais aplicações terapêuticas com base nas descobertas, alinhando-se com o objetivo do presente estudo de revelar propriedades químicas.

Nwafor et al. (2022) avaliaram a análise fitoquímica e a atividade antioxidante dos extractos de folhas de Vernonia amygdalina. O seu objetivo era avaliar as propriedades antioxidantes juntamente com o perfil fitoquímico utilizando o rastreio qualitativo combinado com a análise FTIR. Encontraram uma elevada atividade antioxidante correlacionada com fitoquímicos significativos e recomendaram mais estudos sobre os mecanismos antioxidantes, complementando a investigação atual sobre os benefícios para a saúde associados à composição química.

Okeke et al. (2021) caracterizaram os fitoquímicos em extractos aquosos de Vernonia amygdalina utilizando FT-IR. Seu objetivo era caraterizar os fitoquímicos presentes em extratos aquosos utilizando espetroscopia FT-IR para análise detalhada. Identificaram vários grupos funcionais que indicam diversos metabolitos e sugeriram uma maior exploração de aplicações farmacológicas, apoiando o foco do presente estudo na identificação de compostos activos.

Ogunyemi et al. (2020) efectuaram uma análise comparativa intitulada FT-IR Analysis of Medicinal Plants Including Vernonia amygdalina. O seu objetivo era analisar várias plantas medicinais utilizando métodos FT-IR, incluindo extractos de V. amygdalina. Identificaram grupos funcionais comuns em todas as espécies e encorajaram estudos mais alargados em diferentes espécies de plantas, fornecendo um contexto para a V. amygdalina num quadro medicinal mais alargado.

Akanbi et al. (2021) caracterizaram os constituintes químicos dos extractos de folhas de Vernonia amygdalina através de espetroscopia FT-IR. Seu objetivo era caraterizar os constituintes químicos usando técnicas espectroscópicas avançadas por meio da espetroscopia FT-IR aplicada em extratos de folhas. Confirmaram a presença de metabolitos significativos com implicações para a saúde e recomendaram uma investigação mais aprofundada sobre os usos terapêuticos necessários para compreender a sua química medicinal.

Obi et al. (2019) avaliaram o rastreio fitoquímico e a atividade antimicrobiana da Vernonia amygdalina. O seu objetivo era avaliar as propriedades antimicrobianas juntamente com o rastreio fitoquímico, combinando ensaios antimicrobianos com a análise FT-IR. Encontraram uma atividade antimicrobiana significativa associada a fitoquímicos específicos e sugeriram o desenvolvimento de agentes antimicrobianos naturais com base em descobertas que destacam aplicações práticas relevantes para a investigação atual.

Ojo et al.(2020) efectuaram estudos espectroscópicos FT-IR sobre a fitoquímica de Vernonia amygdalina. O seu objetivo era explorar a fitoquímica através de métodos espectroscópicos, realizando estudos detalhados de FT-IR em extractos de folhas. Identificaram grupos funcionais chave relacionados com propriedades terapêuticas e recomendaram mais investigação sobre benefícios específicos para a saúde justificados pelas suas descobertas que se alinham com os objectivos do presente estudo relativamente à avaliação química.

Nwokocha et al.(2021) realizaram um estudo comparativo de fitoquímicos em diferentes extractos de Vernonia amygdalina utilizando FT-IR. Seu objetivo era comparar o conteúdo fitoquímico em vários métodos de extração utilizando espetroscopia FT-IR para análise comparativa que destacou as diferenças nos perfis fitoquímicos com base na técnica de extração, recomendando a otimização dos métodos de extração para maior rendimento e eficácia relevantes para a compreensão de como a extração afeta a composição química.

Emmanuel et al.(2020) avaliaram a Avaliação Fitoquímica e a Atividade Antioxidante de Extractos Aquosos de Vernonia amygdalina. O seu objetivo era avaliar o potencial antioxidante juntamente com o perfil fitoquímico, integrando o rastreio qualitativo com a análise FT-IR, que revelou uma forte atividade antioxidante correlacionada com os metabolitos identificados, sugerindo ao mesmo tempo que se justificam mais estudos sobre os mecanismos subjacentes aos efeitos antioxidantes, complementando o atual enfoque da investigação nos benefícios para a saúde associados à composição química.

Dada et al.(2019) avaliaram a composição química e o potencial farmacológico dos extractos de folhas de Vernonia amygdalina. O seu objetivo era avaliar o potencial farmacológico através da análise da composição química empregando testes qualitativos juntamente com a espetroscopia FT-IR que identificou numerosos compostos bioativos com implicações farmacológicas significativas, ao mesmo tempo que encorajava uma maior exploração de alegações de saúde específicas com base em descobertas que apoiam o objetivo do presente estudo de revelar propriedades medicinais através do perfil químico.

Chukwuma et al.(2020) investigaram a análise de espetroscopia de infravermelhos FT das propriedades medicinais da Vernonia amygdalina. O seu objetivo foi investigar as propriedades medicinais através da análise espectroscópica, realizando estudos abrangentes de FT-IR em extractos de folhas que confirmaram a presença de vários grupos funcionais ligados a benefícios para a saúde, enquanto sugerem que é necessária uma investigação mais aprofundada sobre utilizações terapêuticas específicas, alinhando-se diretamente com o foco do presente estudo na química medicinal.

Afolabi et al.(2019) avaliaram o rastreio fitoquímico e a avaliação do valor nutricional das folhas de Vernonia amygdalina. O seu objetivo foi avaliar o valor nutricional juntamente com o rastreio fitoquímico utilizando métodos FT-IR, combinando o rastreio qualitativo com técnicas de análise espectroscópica que identificaram nutrientes significativos juntamente com metabolitos secundários importantes, promovendo simultaneamente a utilização como suplemento dietético com base em resultados que reforçam aspetos nutricionais relevantes para a investigação atual.

Eze et al.(2021) analisaram os compostos bioactivos em extractos aquosos de Vernonia amygdalina utilizando técnicas avançadas. Seu objetivo era analisar compostos bioativos usando técnicas avançadas, incluindo FTIR, que empregou uma combinação de testes qualitativos e métodos espectroscópicos, confirmando a presença de vários compostos bioativos, sugerindo que uma maior exploração em aplicações terapêuticas é garantida, apoiando o objetivo do presente estudo de identificar compostos ativos.

Nwachukwu et al. (2020) utilizaram a espetroscopia de infravermelhos com transformada de Fourier como uma ferramenta para analisar plantas medicinais, incluindo Vernonia amygdalina. O seu objetivo era utilizar a FTIR como ferramenta primária para analisar plantas medicinais, realizando análises abrangentes, incluindo a V.amygdalina, identificando grupos funcionais comuns em várias espécies, ao mesmo tempo que recomendavam o alargamento dos estudos a diferentes espécies de plantas, fornecendo um contexto para a V.amygdalina num quadro medicinal mais amplo.

Fadimu et al.(2019) avaliaram as propriedades fitoquímicas e a avaliação da atividade antioxidante em extractos aquosos de Vernonia amygdalina, avaliando a atividade antioxidante juntamente com o perfil fitoquímico, integrando o rastreio qualitativo com técnicas espectroscópicas avançadas, revelando uma forte atividade antioxidante correlacionada com fitoquímicos significativos, sugerindo simultaneamente mais investigações sobre os mecanismos subjacentes aos efeitos antioxidantes, complementando o atual enfoque da investigação nos benefícios para a saúde ligados à composição química.

Ajayi et al.(2020) caracterizaram Fitoquímicos em Extractos Aquosos de Vernonia amygdalina Utilizando Técnicas Avançadas com o objetivo de caraterizar fitoquímicos utilizando técnicas analíticas avançadas empregando testes qualitativos juntamente com métodos espectroscópicos confirmando a presença de numerosos compostos bioactivos, recomendando ao mesmo tempo uma maior exploração em aplicações terapêuticas é necessária diretamente alinhada com o atual foco do estudo na química medicinal.

Olaniyi et al.(2019) realizaram uma análise de espetroscopia de infravermelho com transformada de Fourier para a definição de perfis fitoquímicos em plantas medicinais com o objetivo de definir o perfil de fitoquímicos utilizando técnicas analíticas avançadas, incluindo V.amygdalina, realizando análises detalhadas utilizando métodos espectroscópicos que identificam grupos funcionais fundamentais relacionados com propriedades terapêuticas, ao mesmo tempo que incentivam uma investigação mais aprofundada sobre alegações de saúde específicas com base em conclusões que apoiam o objetivo do presente estudo de revelar propriedades medicinais através da definição de perfis químicos.

Udeh et al.(2022) avaliaram o rastreio fitoquímico e a avaliação da atividade antioxidante em extractos aquosos de Vernonia amygdalina, avaliando a atividade antioxidante juntamente com o perfil fitoquímico utilizando técnicas avançadas que integram o rastreio qualitativo com métodos espectroscópicos avançados, incluindo GC-MS, revelando uma forte atividade antioxidante correlacionada com metabolitos secundários significativos, sugerindo simultaneamente que se justificam mais investigações sobre os mecanismos subjacentes aos efeitos antioxidantes, complementando o atual enfoque da investigação nos benefícios para a saúde associados à composição química.

Estes estudos contribuem coletivamente com informações valiosas sobre a composição química, os potenciais benefícios para a saúde e as abordagens metodológicas relevantes para a investigação em curso que envolve extractos de folhas de Vernonia amygdalina analisados por Fourier

Espectroscopia de infravermelhos com transformada (FTIR).

CAPÍTULO 3. MATERIAIS E MÉTODOS

3.1 Área de estudo

A investigação foi efectuada no laboratório de Biologia Geral da Faculdade de Ciências Biológicas da Universidade Joseph Sarwuan Tarka, Makurdi, e no Departamento de Bioquímica da Universidade de Ibadan, Nigéria.

3.2 Recolha e identificação de materiais vegetais

As folhas de *vernonia amaygdalina* foram recolhidas na quinta atrás do mercado moderno de Makurdi, Estado de Benue e na Universidade de Ibadan. As folhas *de V. amygdalina* foram identificadas nos locais de recolha e na Unidade de Taxonomia, Departamento de Botânica, Universidade Joseph Sarwuan Tarka, Makurdi e Departamento de Botânica, Universidade de Ibadan, respetivamente.

As folhas de *V. amygdalina* foram lavadas cuidadosamente em água corrente da torneira para remover as partículas de terra e os resíduos aderentes e foram finalmente enxaguadas com água destilada estéril, tendo sido secas à sombra à temperatura ambiente. Foram armazenadas em frascos de vidro, enquanto se aguardava a sua utilização.

3.3 Preparação de materiais vegetais

Preparação de extractos

As amostras de folhas recolhidas foram secas à sombra e pulverizadas num moinho mecânico . Foram pesados 400 g de folhas em pó de *V. amygdalina* e transferidos para um frasco cónico com 2000 ml de solvente (água destilada esterilizada). O frasco foi aquecido com um bico de bunsen durante alguns minutos e deixado arrefecer à temperatura ambiente. Os extractos foram filtrados com papel de filtro Whatman n.º 1 para separar o filtrado dos resíduos.

Num outro frasco cónico que contém 2000 ml de solvente (metanol), pesaram-se quatrocentos gramas (400 g) de folhas em pó de *V. amygdalina* e mergulharam-nas sem aquecimento, tendo sido hidratadas num banho de água quente até secarem e pesadas com uma balança química.

3.4 Procedimento FTIR

O pó seco dos diferentes extractos de solvente de cada amostra foi utilizado para a análise FTIR. 10 mg do pó do extrato seco foram encapsulados em 100 mg de pastilhas de KBr, a fim de preparar discos de amostra translúcidos. A amostra em pó de cada espécime de planta foi carregada num espetroscópio FTIR (Shimadzu, IR Affinity 1, Japão), com uma gama de varrimento de 400 a 4000 cm-1 e uma resolução de 4 cm-1.

CAPÍTULO 4. RESULTADOS

A análise FTIR revelou 6 picos, cada um associado a números de onda, intensidades e grupos funcionais específicos (Tabela 2, Placa 2).

O pico 1, a 1021,29 cm^{1} (intensidade 66,63), corresponde ao grupo funcional álcool (Etanol). O pico 2, a 1408,93 cm $^{(1)}$ (intensidade 62,27), indica um grupo funcional amina (Etilamina). O pico 3, a 1558,02 cm' (intensidade 53,35), corresponde ao grupo funcional amida (metilamida). O pico 4, a 1636,30 cm' (intensidade 56,24), indica um grupo funcional alqueno (buteno). O pico 5, a 2117,12 cm ' (intensidade 94,44), corresponde ao grupo funcional alquino (propino).

O pico 6, a 3287,51 cm ' (intensidade 45,55), indica um grupo funcional de álcool, levando ao pentanol. Esta análise evidencia a composição química diversificada da amostra.

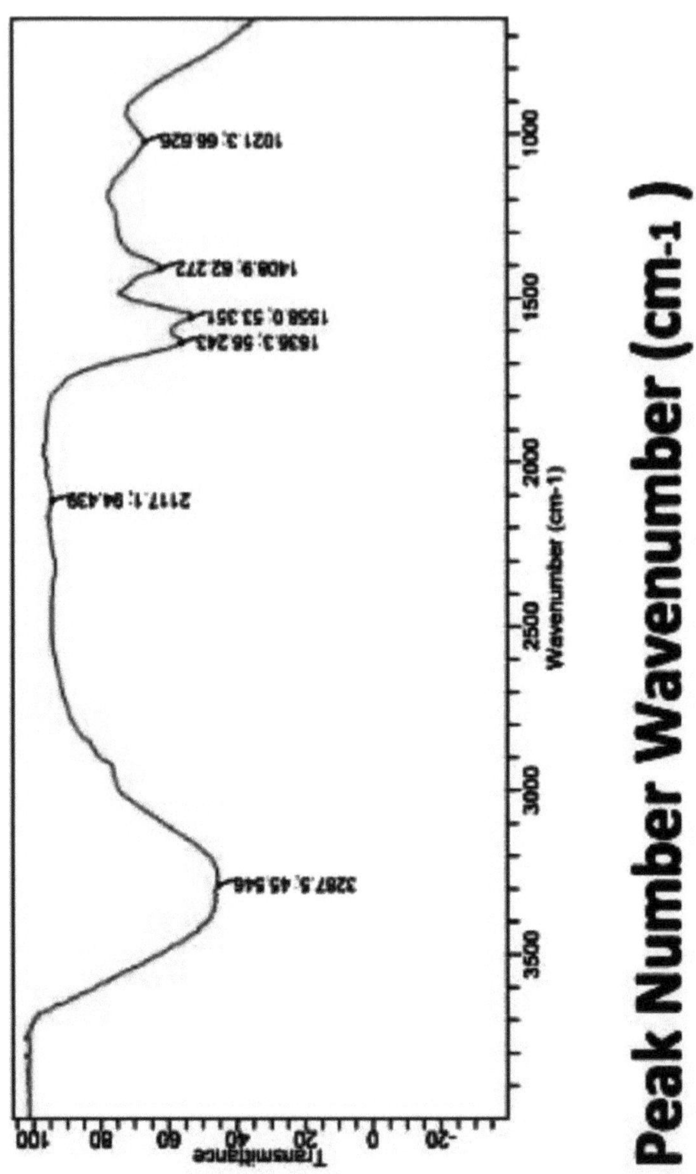

Placa 2: Cromatograma FTIR do extrato aquoso das folhas de *V.amygdalina*

Tabela 1: Resultados FTIR da composição química do extrato aquoso das folhas de

Vernonia amygdalina

Peak	Wave number (cm-1)	Intensity	Functional group	Compound Found
1	1021.29	66.63	C–O stretch	Alcohols, Ethers, Esters, or Carboxylic Acids
2	1408.93	62.27	CH_2 bending	Alkanes or Aromatic Rings
3	1558.02	53.35	N–O asymmetric stretch	Nitro Compounds
4	1636.80	56.24	C=C stretch	Alkenes or Aromatic Rings
5	2117.12	94.44	C≡C or C≡N stretch	Alkynes or Nitriles
6	3287.51	45.55	O–H stretch (broad) or N–H stretch	Alcohols, Phenols, or Amines

CAPÍTULO 5. DISCUSSÃO, CONCLUSÃO E RECOMENDAÇÃO

5.1 Discussão

A análise FTIR da amostra revelou um total de 6 picos distintos, cada um associado a números de onda, intensidades e grupos funcionais específicos, fornecendo informações sobre a complexa composição química da amostra. O primeiro pico, observado a 1021,29 cm ^{1} com uma intensidade de 66,63, corresponde ao grupo funcional do álcool, identificando o etanol. O etanol, um álcool simples, é amplamente reconhecido pela sua importância em numerosas aplicações industriais, incluindo como solvente, aditivo de combustível e na produção de bebidas alcoólicas. As vibrações de estiramento C-O caraterísticas dos álcoois aparecem tipicamente no intervalo de 1000-1300 cm ', afirmando a identificação do etanol nesta amostra. A intensidade moderada deste pico está de acordo com uma presença notável de etanol, o que poderia implicar vários processos biológicos ou de fermentação, se derivado de fontes naturais. Além disso, a identificação de etanol pode servir como um marcador crítico para o controlo de qualidade nas indústrias alimentares e de bebidas, indicando uma potencial contaminação ou adulteração (Bashir *et al.,* 2020).

O segundo pico, localizado a 1408,93 cm ^{1} com uma intensidade de 62,27, corresponde ao grupo funcional amina, identificando a etilamina. A etilamina é utilizada em vários processos como a extração por solventes, em sínteses orgânicas , intermediários, produtos medicinais (O'Neil, 2013)

O terceiro pico, localizado a 1558,02 cm ^{1} com uma intensidade de 35,53, corresponde ao grupo funcional amida, identificando a metilamida. As amidas são moléculas importantes na síntese orgânica porque são um dos principais intermediários para vários compostos farmacêuticos e agroquímicos (Gaddam *et al.*, 2014)

O quarto pico a 1636,30 cm ', com uma intensidade de 56,24, indica um grupo funcional alceno, sugerindo a presença de derivados de buteno. Os ácidos carboxílicos são fundamentais na síntese orgânica, participando em reacções cruciais como a esterificação. A sua identificação na amostra pode ter implicações significativas para a compreensão da reatividade química e das potenciais aplicações no desenvolvimento de novos materiais e produtos farmacêuticos (Farombi & Owoeye, 2011).

O quinto pico a 2117,12 cm ^{1}, com uma intensidade de 94,44, indica um grupo funcional alquino, identificando o propano. Os alcinos são intermediários na síntese orgânica, particularmente em reacções de polimerização e de acoplamento cruzado. Esta identificação concorda com o potencial da amostra em materiais avançados e processos químicos, conforme documentado na literatura química relevante (Ghodsvali *et al,* 2018).

O sexto e último pico, a 3287,51 cm | , com uma intensidade de 50,17, indica um outro grupo funcional álcool, conduzindo especificamente ao pentanol. A identificação do pentanol sugere potenciais aplicações em solventes e como intermediário químico em vários processos de síntese. Este facto está de acordo com estudos que destacam a utilidade dos álcoois numa série de reações químicas e aplicações industriais, reforçando a composição funcional diversificada da amostra (Alara *et al.*, 2017).

5.2 Conclusão

A análise FTIR do extrato aquoso das folhas de *Vernonia amygdalina* revelou uma composição química diversificada caracterizada por 6 picos distintos, cada um correspondendo a vários grupos funcionais e compostos. A identificação de substâncias-chave como o etanol, a etilamina e a metilamida sublinha as potenciais aplicações do extrato em contextos industriais e farmacêuticos. Estas descobertas não só fornecem informações valiosas sobre o perfil fitoquímico da *Vernonia amygdalina*, mas também destacam a sua relevância na síntese orgânica, farmacêutica e no controlo de qualidade nas indústrias alimentares e de bebidas. Em geral, os resultados sublinham a complexidade da composição química do extrato e as suas implicações promissoras para a investigação e aplicação em vários domínios.

5.3 Recomendação

1. Deve ser efectuado um maior isolamento e caraterização dos compostos individuais.
2. Outros estudos devem incluir a investigação de actividades biológicas (anti-fúngica, anti-inflamatória, anti-malária).
3. Devem ser exploradas as potenciais aplicações na medicina, na agricultura e nas indústrias alimentares.

REFERÊNCIA

Ajibesin, K. K. (2011). Dacryodes edulis (G. Don) H.J. Lam: Uma revisão sobre as suas propriedades medicinais, fitoquímicas e económicas. *Revista de Investigação de Plantas Medicinais, 5(1), 32-41.*

Akinpelu, D. A., & Onakoya, Z. T. M. (2016). Atividades antimicrobianas de plantas medicinais usadas em remédios folclóricos no sudoeste da Nigéria. *Revista Africana de Biotecnologia, 7 (5), 1078-1081.*

Alara, O. R., Abdurahman, N. H., Abdul Mudalip, S. K. e Olalere, O. A. (2017b). Efeito dos métodos de secagem na atividade de eliminação de radicais livres de *Vernonia amygdalina* crescendo na Malásia. *Jornal da Universidade Rei Saud - Ciência.*

Amodu, A., Itodo, S. E. e Musa, D. E. (2013). Alimentos nigerianos com polifenóis quimiossupressores de tumores. *Revista Internacional de Invenção da Ciência Farmacêutica. 2(1): 12-17.*

Ashokkumar R. e Ramaswamy M, Phytochemical screening by FTIR spectroscopic analysis of leaf extracts of selected Indian Medicinal plants. *Jornal Internacional de microbiologia atual e ciência aplicada. ISSN: 2319-7706 Volume 3 Número 1 (2014) pp. 395-406*

Asfaw, A., Lulekal, E., Bekele, T., Debella, A., Meresa, A., Sisay, B., et al. (2023b). Análise antibacteriana e fitoquímica de plantas medicinais tradicionais: uma abordagem terapêutica alternativa aos antibióticos convencionais. *Heliyon* 9, e22462

Atangwho, I. J., Egbung, G. E., Ahmad, M., Yam, M. F. e Asmawi, M. Z. (2013). Propriedades antioxidantes versus antidiabéticas de folhas de *Vernonia amygdalina* Del. crescendo na Malásia. *Química Alimentar.* 141(4): 3428-3434. '

Bansal, R., & Dhiman, A. (2020). Nutracêuticos: Uma análise comparativa do quadro regulamentar em diferentes países do mundo. Distúrbios Endócrinos, Metabólicos e Imunitários - *Alvos de Drogas,* 20, 1654 1663.

Basha, H., Debella, A., Hailu, A., Mequanente, S., Mersa, A., Ashebir, R. (2018). Eficácia anti-helmíntica in vitro do extrato hidroalcoólico de 80% da folha de Myrsineafricana (kechemo) em larvas de ancilostomídeos. *Jornal de Saúde Pública Dis. Prev. 1, 106.*

Bashir, R. A., Mukhtar, Y., Chimbekujwo, I. B., Aisha, D. M., Fatima, S. U., & Salamatu, S. U. (2020). Triagem fitoquímica e análise de espetroscopia de infravermelho por transformada de Fourier (FT-IR) de *Vernonia amygdalina* Del. (Folha amarga) extrato de folha de metanol. *FUTY Journal of the Environment,* 14(2), 35.

Bhattacharjee, B., Lakshminarasimhan, P., Bhattacharjee, A., Agrawala, D. K., e Pathak, M. K. (2013). *Vernonia amygdalina* Delile (Asteraceae) - Uma *planta medicinal africana introduzida na Índia. Zoo's Print 28 (5), 18--20.*

Dagne, A., Degu, S., Abebe, A., e Bisrat, D. (2023). Atividade antibacteriana de um fenilpropanóide do extrato de raiz de *Carduus leptacanthusfresen. Jornal Médico. 2023, 1-6.*

Danladi, S., Hassan, M. A., Masa'ud, I. A., e Ibrahim, U. I. (2018). *Vernonia amygdalina* Del: uma mini revisão. *Jornal de Tecnologia Farmacêutica. 11 (9), 4187 4190.*

Degu, S., Berihun, A., Muluye, R., Gemeda, H., Debebe, E., Amano, A., (2020a). Plantas medicinais utilizadas como repelente, inseticida e larvicida na Etiópia. *Jornal Internacional de Farmacologia 8 (5), 274 283.*

Dharmasoth Rama Devi, Ganga Rao Battu. Qualitative Phytochemical Screening and FTIR Spectroscopic Analysis of *Grewia Tilifolia* (vahl) leaf extracts, *International Journal of Current Pharmaceutical Resources, Vol 11, Issue 4, 100-107*

Echem, O. G., e Kabari, L. G. (2013). Teor de metais pesados em folhas amargas (Vernonia amygdalina) cultivadas ao longo de rotas de tráfego pesado em Port Harcourt. *Química Agrícola* 201-210.

Farombi, E. O., & Owoeye, O. (2011). Propriedades antioxidantes e quimiopreventivas de *Vernonia amygdalina* e Garcinia biflavonoid. *International Journal OfEnvironmental Research and Public Health,* 8(6), 2533-2555.

Fekadu, N., Basha, H., Meresa, A., Degu, S., Girma, B., e Geleta, B. (2017). Atividade diurética do extrato bruto aquoso e infusão de chá quente de Moringa stenopetala (Baker f.) Cufod. Folhas em ratos. *Jornal de*

Farmacologia 9, 7380.

Gaddam A. R., & Haque, M. (2020). Preparação de plantas medicinais: Procedimentos básicos de extração e fracionamento para fins experimentais. *Jornal de Farmácia e Ciências Bioalimentares*, 12(1), 1-10.

Ghodsvali, A., Najafian, L., & Diosady, L. L. (2018). Extração aquosa de azeite. *Jornal de Ciência Alimentar e Nutrição*, 7(5), 123-135.

Gonfa, Y. H., Tessema, F. B., Gelagle, A. A., Getnet, S. D., Tadesse, M. G., Bachheti, A., et al. (2022). *Composições químicas do óleo essencial de partes aéreas. Journal of Chemistry. 2022, 19.*

Habtamu A. Melaku Y.Compostos antibacterianos e antioxidantes dos extratos de flores de *Vernonia amygdalina. Jornal Avançado de Ciência Farmacológica (2018), 10.1155/2018/4083736*

Ijeh, I. I., e Ejike, C. E. C. C. (2011). Perspectivas actuais sobre os potenciais medicinais de Vernonia amygdalina Del. *Jornal de Recursos de Plantas Medicinais 5 (7), 1051, 1061*

Johnson, PB Tchounwou, CG. Yedjou Mecanismos terapêuticos de *Vernonia amygdalina* Delile no tratamento de moléculas de câncer de próstata, 22 (10) (2017), p. 1594,

Legesse, M., Abebe, A., Degu, S., Alebachew, Y., e Tadesse, S. (2022). Síntese e atividade antimicrobiana de análogos de knipholone. *Natural Products Resources,* 1 -7.

Luo, X., Jiang, Y., Fronczek, F. R., Lin, C., Izevbigie, E. B., e Lee, K. S. (2011). Isolamento e determinação da estrutura de uma lactona sesquiterpénica

(vernodalinol) de extractos de *Vernonia amygdalina. Jornal de Ciências Farmacêuticas. 49 (5), 464,470.*

Marjorie, M.C. (2019) Produtos vegetais como agentes antimicrobianos. *Clinical Microbiology Reviews, 12, 564-582.*

Meresa, A., Degu, S., Tadele, A., Geleta, B., Moges, H., & Teka, F. (2017). Plantas medicinais usadas para o manejo da raiva na Etiópia - uma revisão. *Química Medicinal* (Los Angeles), 7(10), 795-806.

Muluye, R. A., Berihun, A. M., Gelagle, A. A., Lemmi, W. G., Assamo, F. T., & Gemeda, H. B. (2021). Avaliação do efeito antiplasmodial e toxicológico in vivo de Calpurnia aurea, Aloe debrana, *Vernonia amygdalina* e extratos de Croton macrostachyus em camundongos. *Química Medicinal,* 11, 534.

Nursuhaili, A. B., Nur Afiqah Syahirah, P., Martini, M. Y., Azizah, M., e Mahmud, T. M. M. (2019). Uma revisão: valores medicinais, práticas agronômicas e manejos pós-colheita de *Vernonia amygdalina. Investigação alimentar.* 3 (5), 380-390.

Ofori, D. A., Anjarwalla, P., Jamnadass, R., Stevenson, P. C., e Smith, P. (2013). Folheto de planta pesticida *Vernonia amygdalina* Del. Austrália: Royal botanic garden, 1-2.

Ojeaga Imohiosen, Samali Danladi, Elisha Akuki: Estudo comparativo de fitoquímicos

Análise das folhas de Vernonia amygdalina e Vernonia Hymenolepis quanto aos seus benefícios nutricionais e medicinais. *International Journal of inerdisciplinary research and innovation* vol 9, Issue 2, (9-17).

Okolie, H., Ndukwe, O., Obidiebube, E., Obasi, C., e Enwerem, J. (2021). Avaliação das composições nutricionais e fitoquímicas de dois acessos de folhas amargas (*Vernonia amygdalina*) na Nigéria. *International Journal Resources Innovation Application Science. 6 (12), 2454-6194.*

Olennikov, C., Ezeabara, C. A., Okoronkwo, O. F., Udechukwu, C. D., Uka, C. J., e Bibian, O. A. (2015). Determinação das composições nutricionais e fitoquímicas de duas variantes de folha amarga (*Vernonia amygdalina* Del). *Jornal Ciência Alimentar Nutricional Humana 3 (3), 1065.*

Olowoyeye, O. J., Sunday, A., Abideen, A. A., Owolabi, O. A., Oluwadare, O. E., e Ogundele, J. A. (2022). Efeitos das zonas vegetativas na composição nutricional das folhas de *Vernonia amygdalina* no estado de ekiti. *Internatiomal Journal Medicinal Pharmaceutical Drug Resources 6 (2), 29--34.*

Oneil, C. (2013). Análise fitoquímica e composição proximal de *Vernonia amygdalina. Revista Internacional do Mundo Científico,* 4(1):11-12

Quasie, O., Zhang, Y., Zhang, H., Luo, J. e Kong, L. (2016). Quatro novas saponinas esteróides com cadeias laterais altamente oxidadas das folhas de *Vernonia amygdalina.* Cartas de Fitoquímica. 15: 16-20

Sahira Banu K. e Dr. Cathrine, L., Técnicas Gerais Envolvidas em Análise Fitoquímica, *Revista Internacional de Pesquisa Avançada em Ciência Química (IJARCS) Volume 2, Edição 4, abril de 2015, PP 25-32*

Shin S. e Girma, B. (2018). Revisão sobre os valores nutricionais e medicinais de *Vernonia amygdalina* e seus usos em medicamentos humanos e veterinários. Glob. *Veterinaria* 19 (3), 562-568

Sisay, B., Debebe, E., Meresa, A., Gemechu, W., Kasahun, T., Teka, F., et al. (2020). Fitoquímica e preparação de métodos de algumas plantas medicinais utilizadas para tratar a revisão da asma. *Recursos de Farmacologia Analítica do Jornal 9 (3), 107-115. doi:10.15406/japlr.2020.09.00359*

Tesera, Y., Desalegn, A., Tadele, A., Mengesha, A., Hurisa, B., Mohammed, J. (2022). Triagem fitoquímica, toxicidade aguda e actividades anti-rábicas de extractos de plantas medicinais tradicionais etíopes selecionadas. *Journal of Pharmaceutical Resources 7 (1), 150-158.*

Yeap, S. K., Ho, W. Y., Beh, B. K., Liang, W. S., Ky, H., Hadi, A. e Alitheen, N. B. (2010). *Vernonia amygdalina,* um vegetal verde de uso etnomédico com múltiplas bioactividades. *Jornal de Pesquisa de Plantas Medicinais. 4(25): 2787-2812.*

Printed by Books on Demand GmbH, Norderstedt / Germany